Schriftenreihe des Energie-Forschungszentrums Niedersachsen (EFZN)

Band 29

Das EFZN ist eine wissenschaftliche Einrichtung der

TU Clausthal

in Kooperation mit den Universitäten

Technische Universität Braunschweig

GEORG-AUGUST-UNIVERSITÄT GÖTTINGEN

Leibniz Universität Hannover

CARL VON OSSIETZKY universität OLDENBURG

Szenarienerstellung und -berechnung zur Analyse von Transportkapazitäten

Gutachten im Auftrag der Stadt Pegnitz

Goslar, 8. Juli 2015

Energie-Forschungszentrum Niedersachsen

Am Stollen 19A

38640 Goslar

Telefon: +49 5321 3816 8000

Telefax: +49 5321 3816 8009

http://www.efzn.de

Bibliografische Information der Deutschen Nationalbibliothek

Die Deutsche Nationalbibliothek verzeichnet diese Publikation in der Deutschen Nationalbibliografie; detaillierte bibliografische Daten sind im Internet über http://dnb.d-nb.de abrufbar.

1. Aufl. - Göttingen: Cuvillier, 2015

Nonnenstieg 8, 37075 Göttingen

Telefon: 0551-54724-0

Telefax: 0551-54724-21

www.cuvillier.de

1. Auflage, 2015

Gedruckt auf umweltfreundlichem, säurefreiem Papier aus nachhaltiger Forstwirtschaft.

ISBN 978-3-7369-9078-4

eISBN 978-3-7369-8078-5

Wissenschaftliche Leitung

Prof. Dr.-Ing. Hans-Peter Beck

Institut für Elektrische Energietechnik und Energiesysteme und Energie-Forschungszentrum Niedersachsen, TU Clausthal

Bearbeiter

Dr.-Ing. Soroush Nakhaie

Institut für Elektrische Energietechnik und Energiesysteme und Energie-Forschungszentrum Niedersachsen, TU Clausthal

Dr. Jens-Peter Springmann

Energie-Forschungszentrum Niedersachsen, TU Clausthal

Projektkoordination und Ansprechpartner

Dr. Jens-Peter Springmann

Energie-Forschungszentrum Niedersachsen

Am Stollen 19A

38640 Goslar

Telefon: +49 5321 3816 8000

Telefax: +49 5321 3816 8009

Inhaltsverzeichnis

Abkürzungsverzeichnis

BNetzA	Bundesnetzagentur
EE	Erneuerbare Energien
EEA	Erneuerbare Energien Anlagen
ENTSO-E	European Network of Transmission System Operators for Electricity
EnWG	Energiewirtschaftsgesetz
NEP	Netzentwicklungsplan
O-NEP	Offshore-Netzentwicklungsplan
WEA	Windenergieanlage

1. Hintergrund und Ziel der Untersuchung

Die Energiewende in Deutschland führt zu einem Wandel der Struktur von Energieerzeugung und -verteilung. Durch die Abschaltung großer zentraler Erzeugungsanlagen, wie z.B. Kernkraftwerken in Süddeutschland, und die gleichzeitige weiter wachsende Windenergieerzeugung (Onshore und Offshore) in Norddeutschland ergeben sich Notwendigkeiten zur Anpassung der vorhandenen Infrastruktur. Dabei sind beispielsweise der Netzausbau, die Flexibilisierung bestehender Kraftwerke bzw. der Neubau von hochflexiblen Gaskraftwerken oder verschiedene Energiespeichertechnologien Optionen, mit denen das zukünftige Energiesystem unter diesen veränderten Bedingungen eine sichere und zuverlässige Versorgung gewährleisten soll.

Die Bestimmung der notwendigen Transportkapazitäten auf der Übertragungsnetzebene und Trassen des Netzneu- und -ausbaus erfolgt in Deutschland zwischen der Bundesnetzagentur (BNetzA) und den Transportnetzbetreibern im Netzentwicklungsplan (NEP). Der aktuelle Netzentwicklungsplan NEP 2014 sieht dabei u.a. eine „Gleichstrompassage Süd-Ost“ als sogenannter „Korridor-D“ vor.

Im Rahmen des vorliegenden Gutachtens werden die als notwendig erachteten Transportkapazitäten, welche laut Netzentwicklungsplan 2014 [NET14] einen Netzausbau nach Süddeutschland erfordern, unter Berücksichtigung verschiedener, möglicherweise alternativer Maßnahmen ermittelt. Dabei werden auftragsgemäß insbesondere der Bestand und die Errichtung von flexiblen und emissionsarmen Gaskraftwerken und weiteren Erzeugungsanlagen auf Basis regenerativer Energiequellen (Erneuerbare Energien Anlagen, EEA) in Süddeutschland sowie die Schaffung von Energiespeicherkapazitäten berücksichtigt. Anhand ausgewählter Szenarien soll eine vergleichende Untersuchung erfolgen, unter welchen Rahmenbedingungen Transportkapazitäten und damit die „Gleichstrompassage Süd-Ost“ nicht mehr notwendig ist.

Die vorliegende Untersuchung erfolgt anhand der nachfolgen drei Arbeitsschritte:

1. Szenarienerstellung: Auswahl und Erstellung von verschiedenen Szenarien, die die aktuellen Änderungen wie die Abschaltung der Kernkraftwerke in Süddeutschland, die Austauschleistungen mit den Nachbarländern und mögliche zukünftige Entwicklungen der Energieinfrastruktur berücksichtigen. Neben der Schaffung von zusätzlichen Transportkapazitäten (Netzverstärkung bzw. -zubau) werden dabei auch zusätzliche Erzeugungskapazitäten (z.B. neue Gaskraftwerke und weitere EEA in Süddeutschland) sowie die Schaffung von Speicherkapazitäten gleichberechtigt in den Szenarien berücksichtigt.
2. Berechnung notwendiger Transportkapazitäten: Zu den im Schritt 1 definierten Szenarien werden die notwendigen Transportkapazitäten innerhalb Deutschlands ermittelt. Anhand eines Modells, das Deutschland in verschiedene Netzregionen aufteilt, werden unter den jeweiligen Randbedingungen der Szenarien die notwendigen Transportkapazitäten zwischen den einzelnen Netzregionen berechnet.
3. Auswertung der Berechnung der Transportkapazitäten: Auf Basis der Berechnungsergebnisse im Schritt 2 erfolgt eine Analyse, unter welchen Bedingungen die Transportkapazitäten, die beispielsweise die „Gleichstrompassage Süd-Ost“ liefern würde, noch notwendig sind bzw. welche anderen Optionen (z.B. Zwischenspeicherung von überschüssiger Energie) derartige Transportkapazitäten nicht mehr erfordern würden.

2. Der deutsche Netzentwicklungsplan und die Rolle von Szenarien

Das Energiewirtschaftsgesetz (§ 12b EnWG) legt fest, dass die Übertragungsnetzbetreiber der zuständigen Bundesnetzagentur einmal jährlich einen gemeinsamen nationalen Netzentwicklungsplan zur Bestätigung vorzulegen haben. Dieser NEP „muss alle wirksamen Maßnahmen zur bedarfsgerechten Optimierung, Verstärkung und zum Ausbau des Netzes enthalten, die in den nächsten zehn Jahren für einen sicheren und zuverlässigen Netzbetrieb erforderlich sind.“ Der gemeinsame Prozess bei der Erstellung und jährlichen Fortschreibung des Netzentwicklungsplans ist Grundlage für die zukünftige Weiterentwicklung des deutschen Übertragungsnetzes. Entsprechend der gesetzlich festgelegten Verantwortlichkeiten planen die Übertragungsnetzbetreiber ihre Netze so, dass sie jederzeit zuverlässig, sicher und leistungsfähig zu betreiben sind. Aufgabe der Bundesnetzagentur ist es, diese Planungen zu prüfen und gegebenenfalls zu bestätigen bzw. einen Beschluss darüber zu fassen [NETZ14].

Grundlage für die Erarbeitung des Netzentwicklungsplans ist der verwendete Szenariorahmen. Auch dieser wird nach § 12a EnWG jährlich von den Übertragungsnetzbetreibern erstellt. Der Szenariorahmen ist der Ausgangspunkt sowohl für die Erstellung des Netzentwicklungsplans als auch des Offshore-Netzentwicklungsplans (O-NEP). Der Entwurf des Szenariorahmens für den NEP 2014 und den O-NEP 2014, basierend auf den von den Übertragungsnetzbetreibern stetig weiterentwickelten Szenariorahmen aus den Jahren 2011 und 2012, wurde von den Übertragungsnetzbetreibern am 28.03.2013 der Bundesnetzagentur vorgelegt und von dieser am 05.04.2013 auf ihrer Internetseite zur öffentlichen Konsultation gestellt [NETZ14].

Der Szenariorahmen des NEP enthält vier Einzelszenarien. In allen vier Szenarien sind die Kernkraftwerke mit ihrer planmäßigen Außerbetriebnahme bis zum Ende des Jahres 2022 berücksichtigt. Die bestehenden und geplanten Speicher (inklusive Pumpspeicherkraftwerke) werden für alle Szenarien in vollem Umfang berücksichtigt [NETZ14].

In Szenario A wird gegenüber dem Referenzjahr 2012 für das Jahr 2024 ein Rückgang der Leistungsbereitstellung aus Braunkohle und Erdgas im konventionellen Bereich angenommen. Die installierte Leistung der Steinkohlekraftwerke nimmt leicht zu. Dabei werden sämtliche geplanten Braun- und Steinkohlekraftwerke berücksichtigt, für die ein Netzanschlussbegehren oder eine Netzanschlusszusage nach der Kraftwerks-Netzanschlussverordnung (KraftNAV) vorliegt. Die installierte Leistung der erneuerbaren Energien bildet den unteren Rand des Szenariorahmens ab.

Szenario B ist von einem höheren Anteil an erneuerbaren Energien (EE) gekennzeichnet als Szenario A. Darüber hinaus werden ein Anstieg der Leistung bei den Gaskraftwerken und ein Rückgang bei den Braunkohlekraftwerken prognostiziert. Die Leistungsbereitstellung aus Steinkohlekraftwerken bleibt ungefähr auf dem Niveau des Referenzjahres 2012. Über die aktuell im Bau befindlichen Anlagen hinaus werden keine weiteren Braun- und Steinkohlekraftwerke berücksichtigt. Die Werte ergeben sich aus den Referenzwerten für das Jahr 2012 zuzüglich aktueller Zubauten sowie geplanter Gaskraftwerke in einem fortgeschrittenen Planungsstadium abzüglich rechnerischer und angezeigter Außerbetriebnahmen [NETZ14].

Das Szenario B 2024 wird in Bezug auf die installierten Leistungen je Technologie bei diesem Szenario um zehn Jahre bis zum Jahr 2034 fortgeschrieben.

Im Szenario C wird ein besonders hoher Anteil der Stromgewinnung aus erneuerbaren Energien dargestellt, der sich aus regionalen Entwicklungsprognosen und Zielen der Bundesländer ergibt. Die konventionelle Leistungsbereitstellung entspricht der des Szenarios B für das Jahr 2024.

Im Wesentlichen unterscheiden sich diese o.a. Szenarien dadurch, ob die Stromerzeugung stärker durch konventionelle oder erneuerbare Energiequellen erfolgt. Eine Untersuchung von weiteren Maßnahmen zur Integration von erneuerbaren Energien, wie z.B. (Langzeit-) Speicherung, wird nicht direkt angesprochen und zur Netzausbauplanung bzw. Ausbauvermeidung in Betracht gezogen.

Das vorliegende Gutachten basiert auf dem Stromerzeugungsmix, wie er im Leitszenario B für das Jahr 2034 dargestellt wird. Allerdings werden an dieser Stelle zusätzliche Optionen untersucht, die unter Umständen zur Vermeidung von Netzausbau-Maßnahmen führen können. Obgleich diese erweiterte Untersuchung prinzipiell für sämtliche bislang im aktuellen NEP berücksichtigten Netzausbau- bzw. Verstärkungsmaßnahmen durchgeführt werden könnte, findet an dieser Stelle auftragsgemäß eine Fokussierung auf den im bisherigen Netzentwicklungsplan vorgesehenen sog. „D-Korridor" statt, wie er im NEP-Szenario B 2034 mit 4GW Übertragungsleistung von Wolmirstedt als Anfangspunkt im Nordosten bis Gundremmingen als Endpunkt im Süden dargestellt wird. Diese zusätzliche Leitung wird vornehmlich durch den starken Zubau von Windanlagen im Nordosten Deutschlands sowie der anhaltenden Braunkohleverstromung in Mitteldeutschland erforderlich. Die Entwicklung der Ausbauempfehlungen vom Jahr 2024 (1,7 GW Ostsee Offshore-Windanlagen – D-Korridor bei 2 GW) bis zum Jahr 2034 (5,2 GW Ostsee Offshore Windanlagen – D-Korridor bei 4 GW) stellen diesen Sachverhalt deutlich heraus (s. Abbildung 2-1 und Abbildung 2-2).

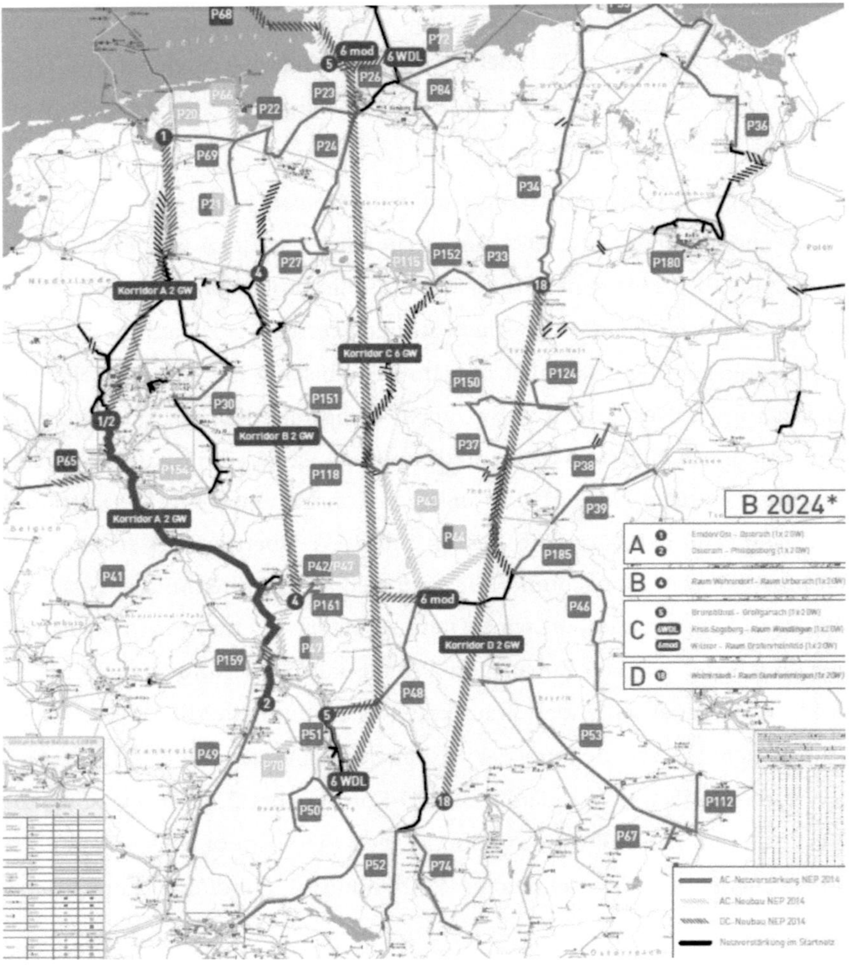

Abbildung 2-1: Szenario B 2024, alle errechneten Leitungsprojekte [NETZ14]

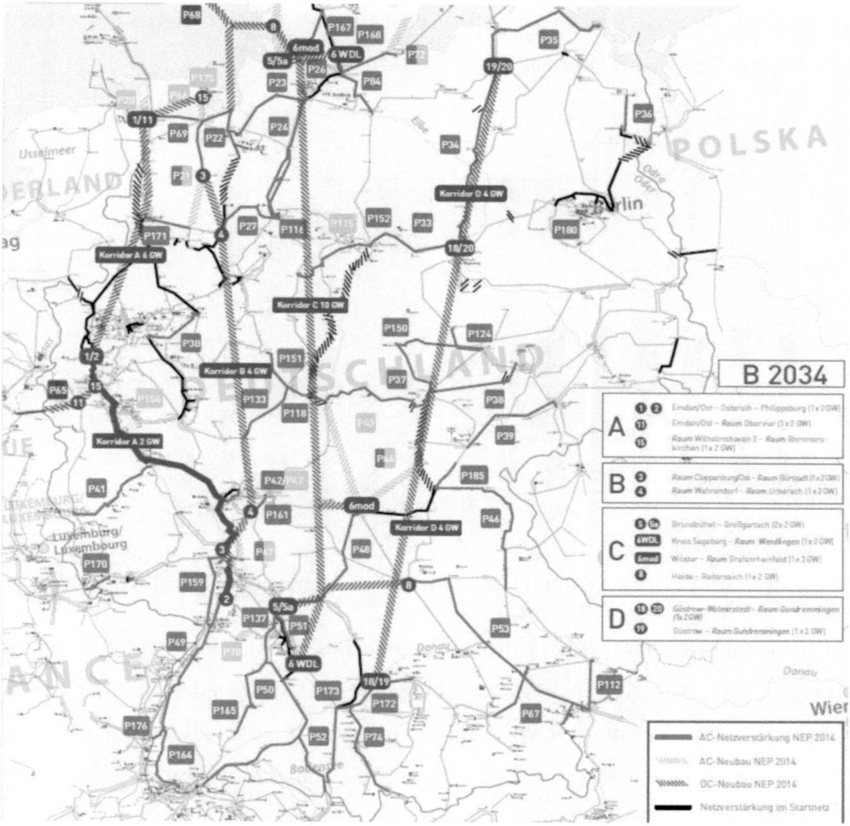

Abbildung 2-2: Szenario B 2034, alle errechneten Leitungsprojekte [NETZ14]

Die Trasse des D-Korridors endet im Bundesland Bayern, wo bis 2022 aufgrund der Abschaltung der Kernkraftwerke derzeit von einer Versorgungslücke auszugehen ist. Die sich noch im Betrieb befindlichen Reaktoren Gundremmingen B, Gundremmingen C und Isar 2 bieten zurzeit eine gesicherte Erzeugungsleistung von zusammen ca. 4 GW, die planmäßig spätestens bis 2017, 2021 bzw. 2022 vom Netz genommen werden sollen (s. Abbildung 2-3). Anhand dieser Abbildung wird zudem deutlich, dass die derzeit geplanten zusätzlichen Erzeugungsanlagen auf Basis erneuerbarer Energieanlagen den Wegfall der gesicherten Leistung aus den Kernkraftwerken nur in geringem Maße kompensieren können.

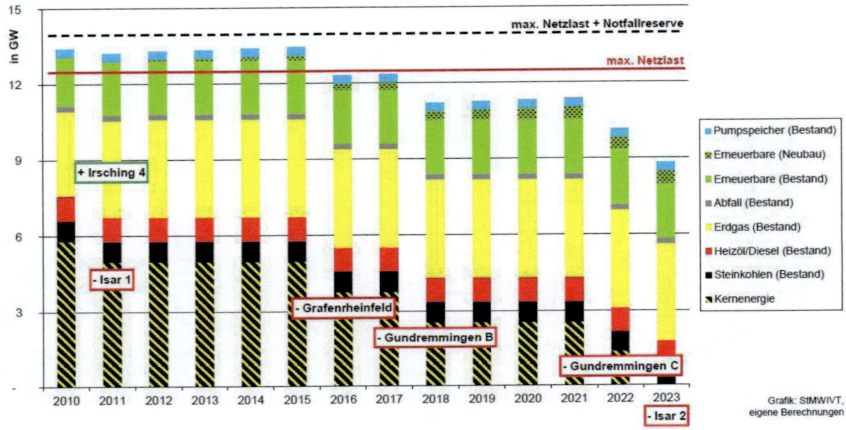

Abbildung 2-3: Entwicklung der gesicherten Leistung bis 2023 [STMW15]

Vor diesem Hintergrund ist nunmehr zu überlegen, wie die Stromversorgung in Bayern erfolgen könnte, um einen Transportbedarf über den bislang geplanten D-Korridor vermeiden zu können. Hierzu können mehrere Parameter variiert werden, die vor allem die Zusammensetzung der konventionellen sowie erneuerbaren Energieanlagen sowie Integrationsmaßnahmen wie z.B. eine (Langzeit-)Speicherung von regenerativ erzeugter Energie betreffen. Diese Untersuchung wird im folgenden Abschnitt durchgeführt.

3. Szenarienerstellung und -berechnung

Einen ersten Ansatzpunkt stellt der geplante Ausbau von Offshore-Windanlagen in der Ostsee dar. So kann untersucht werden, inwieweit ein Verzicht auf diese Anlagen den Bedarf an die Übertragungsleistung des D-Korridors verringern könnte. Parallel könnte ein stärkerer Zubau der Windanlagen am Land vorangetrieben werden, um z.B. die in Bayern erwartete Stromlücke soweit wie möglich zu schließen.

Einen zweiten Ansatzpunkt stellt die zukünftige Bedeutung konventioneller Braunkohlekraftwerke in den ostdeutschen Revieren dar, deren Grundlaststromerzeugung im Osten zu den Verbrauchsschwerpunkten im Westen und Süden übertragen werden muss. Sofern zukünftig – insbesondere auch aus klimaschutzpolitischen Erwägungen heraus – diese Kraftwerke an Bedeutung verlieren sollten, könnte die entstehende Versorgungslücke durch den regionalen Zubau von Gaskraftwerken vermieden werden, um auch weiterhin die Versorgungssicherheit aufrechterhalten zu können.

Einen letzten im Rahmen dieser Studie betrachteten Ansatzpunkt stellt die Umwandlung bzw. (Langzeit-) Speicherung regenerativ erzeugter Energie dar (z.B. mittels Power-to-Gas-Technologien). Unabhängig davon, ob im Rahmenszenario Erzeugungskapazitäten angepasst werden oder nicht, kann diese Option wesentliche Beiträge zur Beseitigung von Leistungsspitzen bei regionalen Stromüberschüssen liefern: Die z.B. in Wasserstoff oder Methan eingespeicherte Energie kann über andere stoffliche Transportwege, z.B. über das Erdgasnetz, bundesweit verteilt und zur Stromerzeugung oder aber auch anderen Zwecken, wie z.B. Wärmeerzeugung oder stofflicher Nutzung in anderen Verbrauchsschwerpunkten eingesetzt werden.

Die energietechnische Untersuchung der oben erwähnten Szenarien erfordert eine optimierungsbasierte Modellierung des entsprechenden Strommarktes. Dadurch ergibt sich eine kostenoptimierte Stromerzeugung aus konventionellen Kraftwerken aufgrund der regionalen Verbrauchssituation und der Einspeisung aus den EEA. Zum Zwecke einer eigenständigen Untersuchung wird ein im Rahmen einer Dissertationsarbeit [NAKH15] im Institut für Elektrische Energietechnik der Technischen Universität Clausthal entwickeltes und validiertes Simulationstool angewendet, welche eine detaillierte Speicher- und Kraftwerkeinsatzplanung sowie Leistungsflussberechnung ermöglicht.

Als Eingangsparameter fließen die Erzeugungsleistungen der konventionellen sowie erneuerbaren Energieanlagen gemäß dem Netzentwicklungsplan 2014 sowie die regionalen Stromverbrauchsdaten auf Basis der veröffentlichten Daten der Übertragungs- und Verteilnetzbetreiber ein. Die Leistungsflussberechnung erfolgt im Anschluss anhand eines vereinfachten Netzmodells, welches anhand der Anschlussknoten der großflächigen Verteilnetzbetreiber abgebildet wird. Ähnlich wie [REHT11] wird eine Approximation aus den veröffentlichen Daten und Netzkarten des Verbands Europäischer Übertragungsnetzbetreiber[1] für das deutsche Verbundnetz durchgeführt [ENTS15]. In diesem Zusammenhang werden die identifizierten Verteilnetzbetreiber gemäß der geografischen Positionierung deren Netzfläche der europäischen Verbundnetzkarte gegenüber gestellt. Dadurch können die Transportkapazitäten anhand der Leitungsspannung und die Anzahl der Drehstromsysteme zwischen den jeweiligen Regionen abgeschätzt werden. Die Übertragungskapazitäten werden auch gemäß dem Netzentwicklungsplan 2014 abgebildet und bilden somit den Ausgangspunkt zur Untersuchung von Alternativszenarien.

Es ist zu beachten, dass diese Herangehensweise zur Leistungsflussberechnung mit gewissen Ungenauigkeiten verbunden ist. Einerseits kann aufgrund der Datenbasis keine geografisch genaue Festlegung der Netzknoten durchgeführt werden. Anderseits können sich aufgrund von unterschiedlichen Betriebsbedingungen und Leitungsaufbau ebenso unterschiedliche maximale Übertragungskapazitäten ergeben, welches unter Umständen von der Pauschalbetrachtung aller Übertragungsleitungen abweichen könnte. Nichtsdestotrotz bietet sich für die Untersuchung der hier vorliegenden Aufgabenstellung eine geeignete Untersuchungsbasis zur Festlegung der heutigen Transportkapazitäten.

Im Folgenden werden mit diesen drei skizzierten Ansatzpunkten

---

[1] European Network of Transmission System Operators for Electricity – ENTSO-E

- Verlagerung der Erzeugungskapazitäten der Windanlagen von der Ostsee nach Bayern,
- zusätzliche Gaskraftwerkskapazitäten in Kombination mit der schwankenden Stromerzeugung aus den Wind- bzw. Photovoltaik-Anlagen, um die Versorgungssicherheit flächendeckend zu erfüllen und
- (Langzeit-)Speicherung zur Ausnahmen der Überschussenergie und –Leistungen in der Starkwindregion, um bestehende Übertragungskapazitäten nicht zu überschreiten

zusätzlich zum Referenzszenario (Null-Szenario gemäß dem errechneten D-Korridor im Szenario B 2034) sechs weitere Szenarien gebildet. Diese Szenarien werden in den nachfolgenden Abschnitten ausführlich dargestellt.

3.1 Null-Szenario: Ausgangssituation im Netzentwicklungsplan Leitszenario B 2034

Wie bereits an anderer Stelle erwähnt, basiert dieses Referenzszenario auf dem errechneten Netzentwicklungsplan für das Szenario B im Jahr 2034. Dieses beruht auf den folgenden in Tabelle 3-1 angenommenen Erzeugungskapazitäten.

Mit diesen Größen werden im hier verwendeten Netzmodell die notwendigen Ausbau-, Neubau- sowie Verstärkungsmaßnahmen für die Ausgangssituation des Verbundnetzes, sogenanntes Startnetz, Ende 2013 errechnet. Hierzu gehören einerseits die in der Umsetzung befindlichen Netzausbaumaßnahmen (genehmigt bzw. im Bau) sowie Maßnahmen aufgrund sonstiger Verpflichtungen. Anderseits ergibt sich aufgrund der Entfernung zwischen Standorten der Erzeugung (z.B. Windanlagen im Norden) und des Verbrauchs (z.B. Abnahmeschwerpunkte im Süden) ein überregionaler Übertragungsbedarf in Nord-Süd-Richtung.

Netto Nennleistung in GW	Referenz 2012	A 2024			B 2024			B 2034			C 2024		
	BNetzA	A 2023	BNetzA	Diff. zu A 2023	B 2023	BNetzA	Diff. zu B 2023	B 2033	BNetzA	Diff. zu B 2033	C 2023	BNetzA	Diff. zu B 2023
Kernenergie	12,1	0,0	0,0	0,0	0,0	0,0	0,0	0,0	0,0	0,0	0,0	0,0	0,0
Braunkohle	21,2	18,0	16,0	↓ -2,0	17,6	15,4	↓ -2,2	11,8	11,3	↓ -0,5	17,6	15,4	↓ -2,2
Steinkohle	25,4	31,9	27,2	↓ -4,7	25,7	25,8	↑ 0,1	20,2	18,4	↓ -1,8	25,7	25,8	↑ 0,1
Erdgas	27,0	23,2	23,3	↑ 0,1	33,0	28,2	↓ -4,8	41,0	37,5	↓ -3,5	33,0	28,2	↓ -4,8
Mineralölprodukte	4,0	2,7	1,8	↓ -0,9	2,7	1,8	↓ -0,9	1,0	1,1	↑ 0,1	2,7	1,8	↓ -0,9
Speicher (inkl. Pumpspeicher)	6,4	11,0	10,0	↓ -1,0	11,0	10,0	↓ -1,0	11,0	10,7	↓ -0,3	11,0	10,0	↓ -1,0
sonstige konv. Erzeugung	4,1	3,3	3,7	↑ 0,4	3,3	3,7	↑ 0,4	2,3	2,7	↑ 0,4	3,3	3,7	↑ 0,4
Summe konv. Erzeugung	**100,2**	**90,1**	**82,0**	**↓ -8,1**	**93,3**	**84,9**	**↓ -8,4**	**87,3**	**81,7**	**↓ -5,6**	**93,3**	**84,9**	**↓ -8,4**
Wind onshore	31,0	45,7	49,0	↑ 3,3	49,3	55,0	↑ 5,7	66,3	72,0	↑ 5,7	86,0	87,4	↑ 1,4
Wind offshore	0,3	10,3	11,5	↑ 1,2	14,1	12,7	↓ -1,4	25,3	25,3	0,0	17,8	16,1	↓ -1,7
Photovoltaik	33,1	55,3	54,8	↓ -0,5	61,3	56,0	↓ -5,3	65,3	59,5	↓ -5,8	55,6	58,6	↑ 3,0
Biomasse	5,7	8,1	8,3	↑ 0,2	8,5	8,7	↑ 0,2	9,0	9,2	↑ 0,2	7,3	7,8	↑ 0,5
Wasserkraft	4,4	4,5	4,5	0,0	4,8	4,7	↓ -0,1	5,0	5,0	0,0	4,8	4,2	↓ -0,6
sonstige reg. Erzeugung	0,8	1,0	0,9	↓ -0,1	1,5	1,5	0,0	2,3	2,3	0,0	1,4	1,3	↓ -0,1
Summe reg. Erzeugung	**75,3**	**124,9**	**129,0**	**↑ 4,1**	**139,5**	**138,6**	**↓ -0,9**	**173,2**	**173,3**	**↑ 0,1**	**172,9**	**175,4**	**↑ 2,5**
Summe konv. und reg. Erzeugung	**175,5**	**215,0**	**211,0**	**↓ -4,0**	**232,8**	**223,5**	**↓ -9,3**	**260,5**	**255,0**	**↓ -5,5**	**266,2**	**260,3**	**↓ -5,9**

Tabelle 3-1: Erzeugungskapazitäten in den genehmigten Szenarien [NETZ14]

In Abbildung 2-1 und Abbildung 2-2 sind die laut Netzentwicklungsplan 2014 [NET14] hierfür notwendigen Leitungsprojekte dargestellt. Im Null-Szenario werden diese Übertragungskapazitäten als gegeben angenommen, um die Sensitivitätsbasis für weitere Untersuchungen bezüglich regionale Verlagerung der Windenergieanlagen, (Langzeit-) Speicherung sowie zusätzliche Gaskraftwerke zu bilden.

In Abbildung 3-1 sowie den weiteren Karten werden die für die Leistungsflussberechnung relevanten Netzbetreiber durch Netzknoten dargestellt. Ausgehend von den veröffentlichten Daten und Netzkarten der ENTSO-E werden die approximierten Transportmöglichkeiten zwischen diesen Verteilnetz-Regionen anhand gestrichelter Linien abgebildet. In diesem Ausgangsszenario wird der D-Korridor mittels der grünen Linie über die zuzuordnenden Netzknoten dargestellt. Die Linienstärke repräsentiert dabei die Leitungskapazität, im vorliegenden Fall also 4GW Übertragungsleistung im Korridor-D.

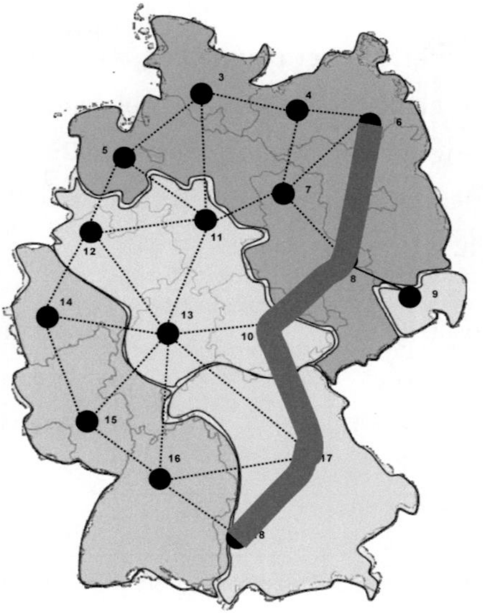

Abbildung 3-1: Szenario Null gemäß NEP B 2034 mit D-Korridor (grün)

Als erster Schritt wird in allen folgenden Szenarien der D-Korridor aus dem zugrundeliegenden Netzmodell entfernt, um den Effekt dieser Maßnahmen ableiten zu können.

3.2 Szenario 1: NEP Szenario B 2034 ohne D-Korridor

Im Unterschied zum vorherigen Referenzszenario wird nunmehr auf den Bau des bislang als erforderlich erachteten D-Korridors verzichtet. Ferner findet die Braunkohleverstromung in Mitteldeutschland weiterhin im unverminderten Ausmaß statt und wird zur dortigen Versorgung eingesetzt. Die Simulation zeigt nunmehr Übertragungsengpässe an mehreren Leitungsstrecken auf; von Maßnahmen zur Behebung dieser Engpässe wird an dieser Stelle abgesehen. Aufgrund der nun fehlenden direkten Übertragungsmöglichkeit aus dem Nordosten nach Bayern werden die aus den

Offshore- und Onshore-Windenergieanlagen entstehenden Überschussleistungen ihren Weg über mehrere Routen in Richtung der Verbrauchsschwerpunkte im Süden und Westen Deutschlands suchen, womit an mehreren Netzknotenpunkten Übertragungsengpässe entstehen werden. Die sich ergebenden Ausbauleitungen und die notwendigen Leitungskapazitäten sind in Abbildung 3-2 und den folgenden Abbildungen anhand von roten Linien mit Linienstärken proportional zu der des D-Korridors in Abbildung 3-1 dargestellt.

Offshore WEA *(Ostsee)*	Zusätzliche Onshore WEA *(Bayern)*	Braunkohle (Lausitzer und Mitteldeutsches Revier)	Zusätzliche Gaskraftwerke	(Langzeit-) Speicherung
5,3 GW	-	8,4 GW	-	-

Tabelle 3-2: Anpassung der Systemrahmenbedingungen im Szenario 1

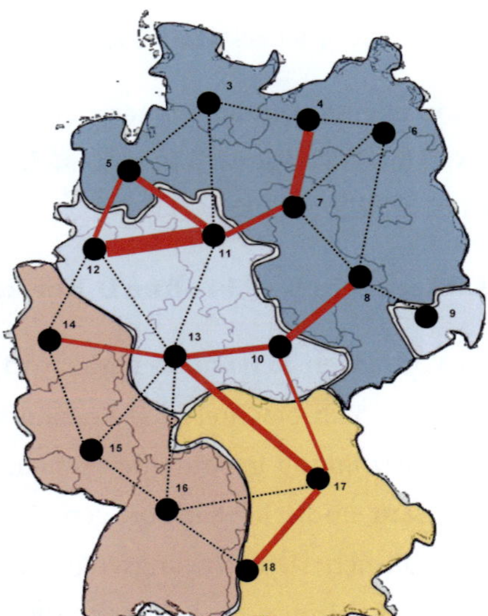

Abbildung 3-2: Szenario 1 gemäß NEP B 2034 ohne Korridor, mit Netzengpässen an anderen Leitungen

3.3 Szenario 2: Verlagerung der Ostsee-Offshore-Windanlagen nach Bayern anhand von zusätzlichen Onshore-Windanlagen

Eine Möglichkeit zum Verzicht des im Szenario Null abgeleiteten erforderlichen D-Korridors besteht darin, auf Offshore-Windanlagen in der Ostsee zu verzichten und stattdessen Onshore-Windanlagen in Bayern zu installieren, die dieselbe Erzeugungsleistung bereitstellen. Aufgrund der unterschiedlichen meteorologischen Voraussetzungen dieser Regionen, und damit der stark abweichenden Volllaststunden der Windanlagen, wird eine Umrechnung erforderlich, wieviel Leistung an Onshore-Windanlagen in Bayern zum Ersatz von 1 MW Erzeugungsleistungen einer Offshore-Windanlage in der Ostsee notwendig ist. Anhand der vorliegenden Daten ergibt sich eine notwendige Leistung von ca. 10,5 GW in Bayern, um die geplante Stromerzeugung in der Ostsee ersetzen zu können.[2]

Durch dieses Szenario werden zwar die Engpässe im Verbundnetz abgemildert (s. Abbildung 3-3), allerdings entsteht eine ca. doppelt so hohe Spitzenleistung, welche allerdings nur an wenigen Stunden im Jahr erforderlich wird.

Offshore WEA *(Ostsee)*	Zusätzliche Onshore WEA *(Bayern)*	Braunkohle (Lausitzer und Mitteldeutsches Revier)	Zusätzliche Gaskraftwerke	(Langzeit-) Speicherung
-	10,6 GW	8,4 GW	-	-

Tabelle 3-3: Anpassung der Systemrahmenbedingungen im Szenario 2

2 [NETZ14]: 1.980 Volllaststunden pro Jahr für Onshore-Windanlagen und 3.980 Volllaststunden pro Jahr für Offshore-Windanlagen

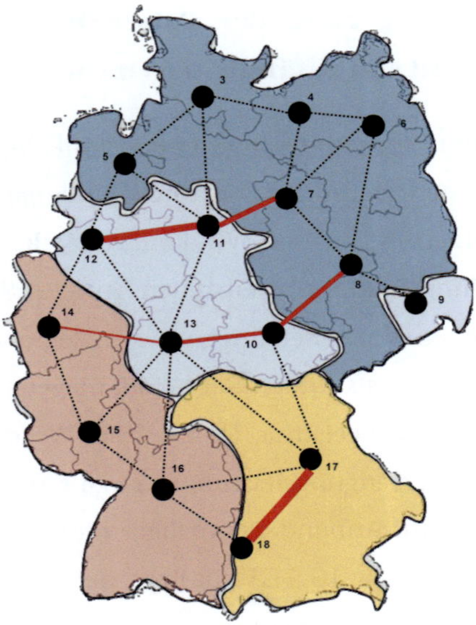

Abbildung 3-3: Szenario 2 gemäß NEP B 2034 ohne D-Korridor, mit Netzengpässen an anderen Leitungen

3.4 Szenario 3: Ersatz von Braunkohlekraftwerken in Ostdeutschland durch bundesweit gleichmäßig verteilte Gaskraftwerke

In diesem Szenario werden die Effekte eines Ersatzes der Stromerzeugung aus den ostdeutschen Braunkohlekraftwerken durch im gesamten Bundesgebiet regional verteilte und schnell regelbare emissionsarme Gaskraftwerke analysiert. Dieser Ansatz trägt dazu bei, dass die Grundlastdeckung in Bayern nunmehr durch eine Kombination von Gaskraftwerken und erneuerbaren Energien erfolgt. Dabei sollte die Summe der zusätzlich zu installierenden Gaskraftwerke der Leistung der Braunkohlekraftwerke im Lausitzer und Mitteldeutschen Revier entsprechen, um die bisherige Versorgungssicherheit nicht zu gefährden. Die Verteilung der Gaskraftwerke erfolgt proportional zu den bereits geplanten Leistungen der Gaskraftwerke in allen Regionen. Besonders hoch liegen diese geplanten Ansätze in Bayern und Nordrhein-Westfalen.

Die Simulation in diesem Szenario zeigt bundesweit keine Übertragungsengpässe auf. Als Grund hierfür ist vornehmlich die Tatsache heranzuführen, dass die Stromerzeugung in diesem Fall äußerst nah an den jeweiligen Verbrauchern stattfindet und daher den Übertragungsaufwand in andere Netzregionen deutlich reduziert werden.

Offshore WEA *(Ostsee)*	Zusätzliche Onshore WEA *(Bayern)*	Braunkohle (Lausitzer und Mitteldeutsches Revier)	Zusätzliche Gaskraftwerke	(Langzeit-) Speicherung
5,3 GW	-	-	8,4 GW	-

Tabelle 3-4: Anpassung der Systemrahmenbedingungen im Szenario 3

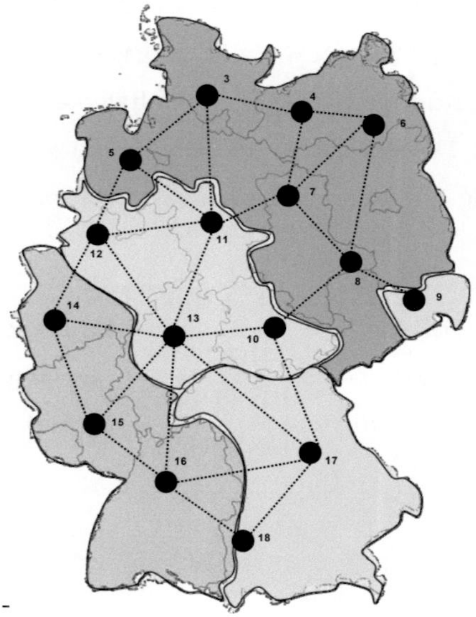

Abbildung 3-4: Szenario 3 gemäß NEP B 2034 ohne D-Korridor, ohne weitere Netzengpässe

3.5 Szenario 4: (Langzeit-)Speicherung im Norden zur Aufnahme von Überschussenergie-bzw. -leistung

Im Fokus sowohl der Energiewirtschaft als auch der Energieforschung steht derzeit auch die zukünftige Rolle neuer Technologien zur Speicherung der fluktuierenden Einspeisung aus EEA. Mit einer zunehmenden Anzahl und Erzeugungsleistung dieser Anlagen wird zukünftig häufiger und länger ein Überschussangebot an Energie und Leistung bestehen. Diese Überschüsse werden zeitlich nicht unmittelbar nachgefragt. Daher werden Speichertechnologien langfristig eine wichtige Rolle im umgestalteten Energiesystem spielen müssen, um den bisherigen hohen Versorgungsstandard aufrechterhalten zu können.

In diesem Szenario werden die sich einstellenden Überschussleistungen im Norden soweit eingespeichert, dass auch ohne den D-Korridor eine engpassfreie Stromübertragung von Norden nach Süden ermöglicht wird. Dabei wird die eingespeicherte Energie in Form von z.B. Wasserstoff oder Methan über stoffliche Transportwege, wie z.B. Erdgasverbundnetz, weiterverteilt und entweder zur Stromerzeugung in Gaskraftwerken oder in anderen Nutzungen verbraucht. Die Simulation für dieses Szenario zeigt, dass auch ohne den D-Korridor die erforderlichen Übertragungskapazitäten gewährleistet werden.

Offshore WEA *(Ostsee)*	Zusätzliche Onshore WEA *(Bayern)*	Braunkohle (Lausitzer und Mitteldeutsches Revier)	Zusätzliche Gaskraftwerke	(Langzeit-) Speicherung
5,3 GW	-	8,4 GW	-	13,75 GW – mind. 3,3 TWh

Tabelle 3-5: Anpassung der Systemrahmenbedingungen im Szenario 4

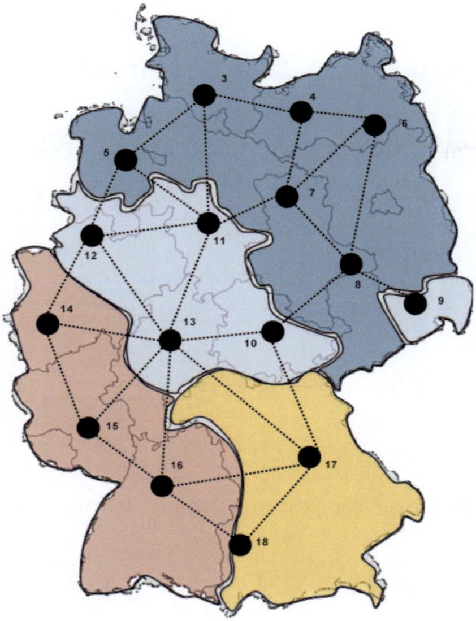

Abbildung 3-5: Szenario 4 gemäß NEP B 2034 ohne D-Korridor, ohne weitere Netzengpässe

3.6 Szenario 5: Verlagerung der Offshore-Anlagen nach Süden anhand von zusätzlichen Onshore-Windanlagen in Kombination mit (Langzeit-) Speicherung

Das vorherige Szenario 4 wird dahingehend erweitert, dass nun auch die Offshore-Windanlagen in der Ostsee wie beim Szenario 2, aber diesmal mit der Hälfte des Energieertrags, durch Onshore-Windenergieanlagen in Bayern ersetzt werden. Aufgrund der Minderung der Überschussleistung im Norden werden nun auch weniger Speicherkapazitäten notwendig, um eine weitere engpassfreie Stromübertragung nach Süden zu ermöglichen.

Es zeigt sich im Ergebnis, dass durch diese Maßnahmen keine Engpässe im bundesdeutschen Netz entstehen: Die WEA-Erzeugung findet nunmehr in Bayern direkt an einem Verbrauchsschwerpunkt statt, überschüssige Energie wird ebenfalls regional zwischengespeichert und kann somit planbar z.B. für die regionale Grundlastversorgung verwendet werden. Diese regionale Entkopplung bzw. dieser regionale Ausgleich von Erzeugung und Abnahme vermeidet Netzspitzen und damit zusätzliche Transportkapazitäten.

Offshore WEA *(Ostsee)*	Zusätzliche Onshore WEA *(Bayern)*	Braunkohle (Lausitzer und Mitteldeutsches Revier)	Zusätzliche Gaskraftwerke	(Langzeit-) Speicherung
-	5,3 GW	8,4 GW	-	5,5 GW – mind. 1,3 TWh

Tabelle 3-6: Anpassung der Systemrahmenbedingungen im Szenario 5

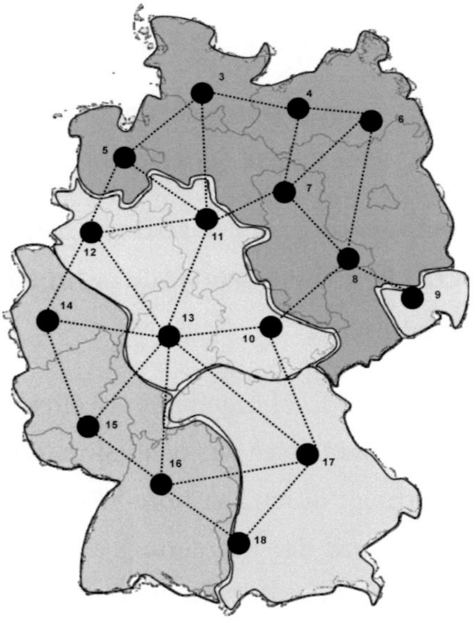

Abbildung 3-6: Szenario 5 gemäß NEP B 2034 ohne D-Korridor, ohne weitere Netzengpässe

3.7 Szenario 6: (Langzeit-)Speicherung im Norden in Kombination mit Ersatz von Braunkohlekraftwerken anhand von gleichmäßiger Verteilung von Gaskraftwerken

Als letztes Szenario wird das vorherige Szenario 3 dahingehend erweitert, dass nun auch hier eine (Langzeit-) Speicherung integriert wird, um z.B. die Versorgung der Gaskraftwerke teilweise über das mittels regenerativ erzeugten Stroms synthetisierte Methan zu ermöglichen. Dieses Szenario weist auch aufgrund stark reduzierter Spitzenleistungen keine Übertragungsengpässe auf.

Offshore WEA *(Ostsee)*	Zusätzliche Onshore WEA *(Bayern)*	Braunkohle (Lausitzer und Mitteldeutsches Revier)	Zusätzliche Gaskraftwerke	(Langzeit-) Speicherung
5,3 GW	-	-	8,4 GW	5,5 GW – mind. 1,3 TWh

Tabelle 3-7: Anpassung der Systemrahmenbedingungen im Szenario 6

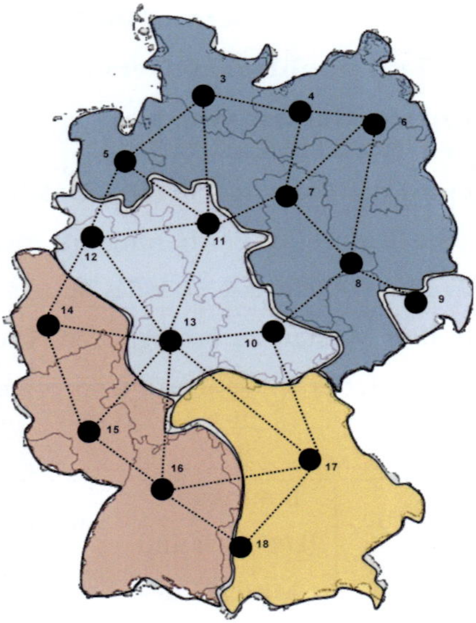

Abbildung 3-7: Szenario 6 gemäß NEP B 2034 ohne D-Korridor, ohne weitere Netzengpässe

4. Zusammenfassung und Würdigung

Im vorherigen Kapitel wurden ausgehend von einem Referenzszenario gemäß Netzentwicklungsplan 2014 sechs ausgewählte Szenarien zur Untersuchung der Möglichkeiten einer Vermeidung des bislang als erforderlich erachteten D-Korridors abgeleitet und anhand eines eigenentwickelten numerischen Modells des deutschen Übertragungsnetzes berechnet. Die Ergebnisse dieser Simulationsrechnungen hinsichtlich der sich einstellenden Leistungen der betrachteten Energietechnologien sind in Tabelle 4-1 zusammenfassend dargestellt:

Sz.	Offshore WEA *(Ostsee)*	Zusätzliche Onshore WEA *(Bayern)*	Braunkohle (Lausitzer u. Mitteldeutsches Revier)	Zusätzliche Gaskraftwerke	(Langzeit-) Speicherung
1	5,3 GW	-	8,4 GW	-	-
2	-	10,5 GW	8,4 GW	-	-
3	5,3 GW	-	-	8,4 GW	-
4	5,3 GW	-	8,4 GW	-	13,75 GW – mind. 3,3 TWh
5	-	5,3 GW	8,4 GW	-	5,5 GW – mind. 1,3 TWh
6	5,3 GW	-	-	8,4 GW	5,5 GW – mind. 1,3 TWh

Tabelle 4-1: Zusammenfassung der untersuchten Alternativszenarien

Das erste Szenario hat verdeutlicht, dass eine regionale Verlagerung der Ostsee-Windanlagen aufgrund des höheren Jahrertrages durch eine dementsprechend höhere Erzeugungsleistung in Bayern stattfinden könnte, welches den Bedarf am Netzausbau zwar vermindert, aber nicht komplett beseitigen kann. Hinzu kommt aufgrund der schlechteren meteorologischen Gegebenheiten ein immenser Flächenbedarf für eine erforderliche hohe Anzahl von Onshore-Windenergieanlagen, die in dem Fall in Bayern notwendig sind. Aus einer bislang noch nicht veröffentlichten Studie des Energie-Forschungszentrum Niedersachsen geht hervor, dass für Onshore-Windenergieanlagen mit einer ungefähren Energieausbeute von ca. 400 MWh pro Hektar im Jahr zu rechnen ist. Für eine Leistung von 10.500 MW und Jahresbetriebsstunden von ca. 2000 h/a wären 52.500 Hektar Fläche für die Aufstellung der Anlagen notwendig. Damit stellt sich auch die Frage, wie viel Fläche für dieses oder ähnliche Verlagerungspläne zur Verfügung steht.

Die Simulationsrechnungen zeigen, dass eine wirksame Alternative zur Vermeidung von zusätzlichen Netzausbaukorridoren – wie hier der D-Korridor – darin besteht, die Erzeugung gleichmäßiger und verbrauchsorientiert in das Verbundnetz einzuspeisen. Somit werden die sonst örtlich erzeugten aber nicht nachgefragten Spitzenleistungen, die Engpässe in den Übertragungsnetzen verursachen können, vermieden. Dies wurde anhand der Szenarien 3 und 6 dargestellt, wobei die im Norden eingespeicherten Spitzenleistungen insgesamt einen Rückgang des Bedarfs an Übertragungsleistung ermöglichen. Dabei bieten Speichertechnologien, wie z.B. Wasserstoffelektrolyse und gegebenenfalls anschließend Methanisierung, ein großes Potential zur Aufnahme der Überschussleistungen, längerfristige Einspeicherung in unterirdischen Kavernen, Transport über bestehendes Erdgasverbundnetz sowie vielseitige Verbrauchsmöglichkeiten.

Die Umwandlung von Überschussstrom in speicherbare, transportable und stofflich transportable Brennstoffe befindet sich bezgl. des großmaßstäblichen Einsatzes derzeit in der Entwicklungsphase, die grundsätzliche Machbarkeit wurde jedoch bereits durch eine Reihe von kleineren und mittelgroßen Anlagen bewiesen. Diese Art der Speicherung von überschüssigen Strom würde gleichzeitig einen wichtigen Beitrag zur Überbrückung von Perioden mit geringerer Stromerzeugung aus erneuerbaren Energien, etwa bei fehlender Sonneneinstrahlung und/oder fehlendem Wind, leisten.

Aus heutiger technischer Sicht bestehen Wirkungsgradverluste auf den einzelnen Wandlungsstufen. Daher besteht bei diesen Technologien zur weiteren Verbesserung der Effizienz und damit auch der Wirtschaftlichkeit noch FuE-Bedarf. Selbst mit dem heutigen Effizienzgrad mutet diese stoffliche „Verwertung" von Überschussstrom aus einer volkswirtschaftlichen Gesamtperspektive heraus immer noch sinnvoller an als z.B. die seit Langem praktizierte Abregelung von Windenergieanlagen in Zeiten eines Überangebotes.

Bei der Verwendung von Wasserstoff, welcher mittels Elektrolyse aus überschüssigem Strom hergestellt wird, ist zudem auch die Frage des zur Verfügung stehenden sicheren Transportmittels genauer zu betrachten. So ist es derzeit noch nicht geklärt, bis zu welchen Konzentrationen Wasserstoff in das bestehende Erdgasverbundnetz eingespeist werden kann, ohne dass daraus Probleme an anderen Stellen des Erdgasnetzes entstehen. Dennoch bieten bereits Beimischungen im einstelligen Prozentbereich, welche in Expertenkreisen als unbedenklich gesehen werden, bereits ein sehr großes Transportpotential im Erdgasverbundnetz.

Trotz dieser vorgenannten Einschränkungen ist ein wesentlicher Vorteil dieser Technologien darin zu sehen, dass hierzu eine zeitliche Entkopplung der Stromerzeugung und des Stromverbrauchs ermöglicht wird und somit ein wichtiger Beitrag zur Überbrückung von Perioden mit geringer Stromerzeugung aus erneuerbaren Energien (z.B. die sog. „dunkle Flaute“) ohne Einbußen der Versorgungsstabilität und -sicherheit geleistet werden kann.

Der Ersatz der Braunkohlekraftwerke, welche sich laut Netzentwicklungsplan 2014 [NEP14] im Jahr 2034 zum größten Teil noch im Lausitzer und Mitteldeutschen Revier befinden, durch bundesweit regional verteilte Gaskraftwerken in den Szenarien 3 und 6 kann gemäß den durchgeführten Berechnungen zu einer Entlastung des Verbundnetzes führen. Ein besonderer Vorteil liegt bei diesen Varianten darin, dass aufgrund der vergleichsweise schnellen Regelbarkeit eine flexible und bedarfsgerechte Stromerzeugung in Kombination mit regionalen und dezentralen Wind- und PV-Anlagen ermöglicht wird. Zusätzlich werden aufgrund der deutlich niedrigeren spezifischen CO_2-Emissionswerte weniger Treibhausgasemissionen ausgestoßen, so dass diese Variante im Einklang mit den deutschen klimaschutzpolitischen Zielvorstellungen stehen dürfte.

Bei der abschließenden Würdigung der in dieser Studie abgeleiteten Ergebnisse ist zu berücksichtigen, dass lediglich die prinzipiellen Auswirkungen einzelner energiewirtschaftlicher bzw. energiepolitischer Maßnahmen zur Vermeidung des bislang gemäß dem Netzentwicklungsplan als erforderlich gesehen D-Korridors abgeleitet wurden. Die Machbarkeit der jeweiligen Maßnahmen hinsichtlich z.B. ökonomischer, ökologischer, rechtlicher, politischer und/oder gesellschaftlicher Kriterien wurde in dieser Studie nicht untersucht. Die Studie zeigt somit im Ergebnis ausschließlich die prinzipielle Wirksamkeit ausgewählter Handlungsoptionen zur Vermeidung des D-Korridors auf. Die genaue Umsetzung dieser und ggf. auch weiterer Maßnahmen und z.B. auch die sich einstellenden regionalen und lokalen Auswirkungen auf Bayern, u.a. auch hinsichtlich einer optimalen Verteilung der Erzeugungsstandorte, wird somit Gegenstand weiterer Untersuchungen bleiben müssen.

Abbildungsverzeichnis

Tabellenverzeichnis